essentials

essentials liefern aktuelles Wissen in konzentrierter Form. Die Essenz dessen, worauf es als „State-of-the-Art" in der gegenwärtigen Fachdiskussion oder in der Praxis ankommt. *essentials* informieren schnell, unkompliziert und verständlich

- als Einführung in ein aktuelles Thema aus Ihrem Fachgebiet
- als Einstieg in ein für Sie noch unbekanntes Themenfeld
- als Einblick, um zum Thema mitreden zu können

Die Bücher in elektronischer und gedruckter Form bringen das Expertenwissen von Springer-Fachautoren kompakt zur Darstellung. Sie sind besonders für die Nutzung als eBook auf Tablet-PCs, eBook-Readern und Smartphones geeignet. *essentials:* Wissensbausteine aus den Wirtschafts-, Sozial- und Geisteswissenschaften, aus Technik und Naturwissenschaften sowie aus Medizin, Psychologie und Gesundheitsberufen. Von renommierten Autoren aller Springer-Verlagsmarken.

Weitere Bände in dieser Reihe http://www.springer.com/series/13088

Jürgen Krimmling

Ampelsteuerung

Warum die grüne Welle nicht immer funktioniert

Prof. Dr. Jürgen Krimmling
Fakultät Verkehrswissenschaften
„Friedrich-List"
Technische Universität Dresden
Dresden, Deutschland

ISSN 2197-6708   ISSN 2197-6716   (electronic)
essentials
ISBN 978-3-658-17320-3   ISBN 978-3-658-17321-0   (eBook)
DOI 10.1007/978-3-658-17321-0

Die Deutsche Nationalbibliothek verzeichnet diese Publikation in der Deutschen Nationalbiblio-
grafie; detaillierte bibliografische Daten sind im Internet über http://dnb.d-nb.de abrufbar.

Springer Vieweg
© Springer Fachmedien Wiesbaden GmbH 2017

Gedruckt auf säurefreiem und chlorfrei gebleichtem Papier

Springer Vieweg ist Teil von Springer Nature
Die eingetragene Gesellschaft ist Springer Fachmedien Wiesbaden GmbH
Die Anschrift der Gesellschaft ist: Abraham-Lincoln-Str. 46, 65189 Wiesbaden, Germany

Was Sie in diesem *essential* finden können

- Sie finden all die Dinge, die Sie an der Ampelsteuerung (Lichtsignalsteuerung) interessieren.
- Sie bekommen Antwort auf alltägliche Fragen zu den „Ampeln".
- Sie bekommen Informationen zur Zukunft der Ampelsteuerung.
- Sie können sich an kuriosen und interessanten Beispielen erfreuen.

Vorwort

Dieses *essential* gibt einen Überblick über die Lichtsignalsteuerung. Ich möchte mich bei allen Bekannten und Freunden bedanken, die mich bei seiner Erstellung unterstützt haben, insbesondere durch Bereitstellung von Fotos zur Illustration. Besonderer Dank gilt Frau Maria Wauer, die mir insbesondere bei der technischen Bearbeitung des Manuskriptes und bei der Korrekturlesung tatkräftig zur Seite gestanden hat. Ein herzlicher Dank auch an den Verlag Springer für die Bereitschaft, dieses *essential* zu veröffentlichen.

Dresden, Deutschland   Jürgen Krimmling

Inhaltsverzeichnis

Einleitung

1

Diese Situation ist keinem von uns unbekannt. Wir fahren auf eine Ampel zu, die uns mit ihrem Grün anlockt. Wollen das Grün unbedingt noch erreichen, müssen uns disziplinieren, um nicht zu schnell zu fahren. Und dann… da schaltet die Anlage doch um, wird Gelb. Eigentlich müsste man richtig Gas geben, aber der dann drohende zeitweilige Verlust des Führerscheins ist ein zu hoher Preis. Also bremsen, anhalten und bei Rot warten. Und warten und warten. Wann wird die Anlage endlich wieder Grün? Wir stehen schon gefühlte 5 min, (in Wirklichkeit ist es nur etwas über eine Minute). Jetzt geht es gleich los… Aber nein, da passiert ja erst noch ein Bus die Kreuzung. Und dann endlich, das lang ersehnte Grün …

Oder wir stehen bei Rot, der Querverkehr muss auch anhalten, weil sein Grün weggeschaltet wird und wir stehen noch eine gefühlte Ewigkeit bis endlich das lang ersehnte Grün kommt. Hätten wir nicht schon viel zeitiger unser Grün bekommen können?

Oder wir fahren eine Grüne Welle entlang. Gestern mussten wir nur an einer von 10 Ampeln anhalten. Naja, das geht ja gut so. Und heute? Schon an der zweiten Ampel lächelt uns das Rot an. Also bremsen und anhalten. Nichts wie los bei Grün, aber an der nächsten Ampel wieder bremsen und anhalten… nein es wird gerade Grün. Sind wir etwa zu schnell gefahren? Kann die Anlage uns nicht rechtzeitig erkennen und noch etwas zeitiger auf Grün schalten? Die Bilanz: Heute mussten wir zum Beispiel dreimal anhalten…

Oder es hat an einer Ampelkreuzung einen Unfall gegeben (auch so etwas passiert leider ab und an). Beide Unfallbeteiligten sind bei Grün gefahren (behaupten sie jedenfalls). Zeugen gibt es leider keine. Ist es überhaupt möglich, dass zwei „nicht verträgliche" Verkehrsströme (Richtungen) gleichzeitig Grün haben?

© Springer Fachmedien Wiesbaden GmbH 2017
J. Krimmling, *Ampelsteuerung*, essentials,
DOI 10.1007/978-3-658-17321-0_1

In manche dieser Situationen sind wir alle schon geraten. Und das nicht nur als Autofahrer. Auch Fußgänger und Radfahrer sehen (gefühlt) viel häufiger Rot als Grün. Ja selbst Bus- und Straßenbahnfahrer erleben (manchmal) das Gleiche. Woran liegt das eigentlich?

Ist es so schwer, Auto/Fahrrad so zu fahren, dass wir die meisten Ampeln bei Grün passieren können?

Sind die Ampeln nicht in der Lage, uns zu erkennen und genau dann, wenn sie uns erkannt haben, uns schnellstens Grün zu geben oder das laufende Grün so lange zu halten, bis wir die Kreuzung passiert haben?

Sind Grüne Wellen so schwierig? Gibt es sie oder sind es manchmal eher rote Wellen?

Ist so eine Ampel eigentlich ein Ding, was machen kann, was es will oder gibt es Gesetzmäßigkeiten, die auch einer Ampel nur einen gewissen Spielraum lassen?

Deutschland ist bekannt für seine vielfältigen Regulierungen. Treffen diese etwa auch auf Ampeln zu und welche Vorschriften müssen dann beachtet werden?

Was gehört überhaupt alles zu einer Ampel und ist der Begriff Ampel der richtige Begriff?

Wie sicher ist eine Ampelanlage eigentlich?

Wie „intelligent" sind Ampeln wirklich? Kennen sie den Verkehr und reagieren darauf oder sind es nur Geräte, die das machen, was sie einmal bei ihrer Errichtung einprogrammiert bekommen haben?

Das sind wesentliche aufgeworfene Fragen, denen sich das vorliegende Büchlein widmet. Es werden die Grundlagen der Ampelsteuerung vorgestellt, Gesetzmäßigkeiten behandelt, sicherungstechnische Aspekte diskutiert, die „Intelligenz" der Ampeln beleuchtet. Das Ganze erfolgt nicht nur aus theoretischer Sicht, sondern auch aus dem Blickwinkel von uns Betroffenen, die einen lichtsignalgeregelten (da haben wir doch gleich mal den Fachbegriff) Knotenpunkt sicher und schnellst möglichst, egal, ob als Fußgänger oder in/mit einem Fahrzeug passieren wollen. Folgende Schwerpunkte werden daher behandelt:

1. Grundlagen der Lichtsignalsteuerung (Technik, Anforderungen an die Sicherheit)
2. Verriegelungen, Zwischenzeiten,
3. Signalzeitpläne und Festzeitsteuerung
4. Straßenzüge und -netze (Grüne Wellen)
5. Verkehrsabhängigkeiten als „Intelligenz" einer Lichtsignalanlage
6. Kooperative Lichtsignalanlagen
7. Spezielle Lösungen vorrangig aus dem Ausland.

Grundlagen der Lichtsignalsteuerung

2

Voran sei folgende Frage gestellt: Sprechen wir von Ampeln oder ist ein anderer Begriff richtig? Der Begriff Ampel wird umgangssprachlich manchmal für eine gesamte Anlage verwendet, die mittels „Rot-Gelb-Grün" den Verkehr steuert; ist in diesem Sinn aber nicht richtig. Ampeln sind „nur" die Signalgeber, die Rot-Gelb-Grün oder Rot-Grün oder auch in anderen Kombinationen und Zeichen leuchten.

Im wissenschaftlichen und fachlichen Sinn wird von einer Lichtsignalanlage (Abkürzung LSA) gesprochen. Was gehört denn aber zu einer Lichtsignalanlage dazu und welche Rolle spielen die „Ampeln"?

Eine LSA ist eine Verkehrseinrichtung zur Steuerung des Verkehrs an Knotenpunkten oder an gefährlichen Stellen, wie beispielsweise stark frequentierte Fußgängerquerungen, Feuerwehrausfahrten, Engstellen oder Straßenbahnquerungen.

Was gehört alles zu einer Lichtsignalanlage dazu (siehe Abb. 2.1)?

Ein für den Verkehrsteilnehmer sichtbarer Grundbestandteil sind die Signalgeber, die „Ampeln". Diese sind unterschiedlich ausgeführt. Für die Kraftfahrzeuge üblicherweise dreifeldig, im klassischen Rot-Gelb-Grün. Es gibt aber

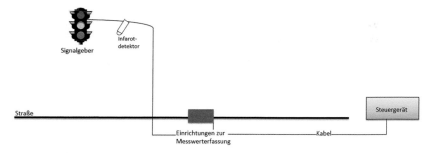

Abb. 2.1 Skizze einer Lichtsignalanlage

© Springer Fachmedien Wiesbaden GmbH 2017
J. Krimmling, *Ampelsteuerung,* essentials,
DOI 10.1007/978-3-658-17321-0_2

auch zweifeldige (Rot-Gelb; Gelb-Grün) und sogar einfeldige (Rot; Grün) Ausführungen, die spezielle Signalisierungen übernehmen. Für die Fußgänger sind die Signalgeber meist zweifeldig ausgeführt (Rot-Grün). Manchmal finden sich in Deutschland auch dreifeldige Formen (z. B. Rot-Rot-Grün). Für die Radfahrer gibt es sowohl zweifeldige (Rot-Grün) als auch dreifeldige (Rot-Gelb-Grün) Ausführungen. Abb. 2.2 zeigt einige Beispiele. Masken in den Signalgebern (z. B. Richtungspfeile, Fußgänger-, Radfahrersymbole) verdeutlichen ihre Zuordnung.

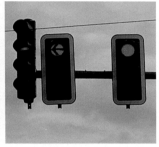

Abb. 2.2 Fotos von Signalgebern (Kraftfahrzeuge, Fußgänger, Radfahrer)

Abb. 2.3 Foto
Straßenbahnsignalgeber

Der Öffentliche Personen Nahverkehr (ÖPNV), also Straßenbahnen und Busse, werden zwar auch in der Regel dreifeldig mit Gesperrt (Rot) Übergang (Gelb) und Frei (Grün) signalisiert. Allerdings finden speziell bei Straßenbahnen, manchmal auch bei Bussen, dabei nicht die bekannten Farben und Symbole Anwendung, um Verwechslungen mit dem Kraftfahrzeugverkehr auszuschließen (Abb. 2.3). Gesperrt wird durch einen waagerechten Balken („F0"), Frei durch senkrechte und schräge Balken („F1", „F2", „F3") und das Übergangssignal („F4") durch einen Punkt dargestellt.

Eine Reihe von Sondersignalen komplettieren die Signalgeber. Genannt seien hier Quittungssignale, die Bestätigung, dass eine Anforderung von Fußgängern, Radfahrern vorliegt, Anforderungsbestätigungen für den Öffentlichen Personen Nahverkehr (ÖPNV) (A; B, S… siehe Abb. 2.3) und Permissivsignale für den ÖPNV.

Die Signalgeber werden an Masten, einem weiteren Bestandteil einer LSA befestigt. Masten können einfach als Standmasten ausgeführt sein, aber auch als sogenannte Auslegermasten, an denen die Signalgeber über der Fahrbahn angebracht werden. Auslegermasten können bis 10 m, in Ausnahmefällen sogar noch länger sein (Abb. 2.4).

Das Herzstück einer Lichtsignalanlage bildet das Steuergerät. Hier laufen alle Informationen zusammen und es werden alle Steuerbefehle vorbereitet und nach außen gegeben. Alles das, was wir als Verkehrsteilnehmer sehen und hören, wenn wir uns an einer LSA-gesteuerten Kreuzung befinden, hat seinen Ursprung im Steuergerät. Abb. 2.5 zeigt den prinzipiellen Aufbau eines Steuergerätes.

Abb. 2.4 Auslegermast

Grundsätzlich wird in Steuereinheit und Überwachungseinheit unterteilt. Von der Steuereinheit werden die Signalgeber, konkret die Lampen angesteuert. Dabei ist es gleichgültig, ob LED-Signalgeber, 40 V- oder 230 V-Lampen zum Einsatz kommen, wobei die Tendenz eindeutig zum Einsatz von LED-Signalgebern mit niedriger Leistung (7 W und teilweise bis zu einem Watt) geht. Die Steuereinheit muss auch wissen, wie die Verkehrssituation ist, also ob viele Kraftfahrzeuge das Grün nutzen wollen, ob eine Straßenbahn oder ein Bus die Freigabe anfordert oder ob Fußgänger und/oder Radfahrer warten. Diese Informationen werden durch die Messwerterfassung gewonnen und in verkehrsabhängigen Steuerungen (Kap. 6) verarbeitet.

Demgegenüber steht die Überwachungseinheit. Diese dient selbstverständlich nicht dazu, zu überwachen, ob ein Verkehrsteilnehmer bei Rot die Kreuzung überquert. Eine Lichtsignalanlage ist eine Sicherheitseinrichtung und das Steuergerät in Funktion der Überwachungseinheit muss diese Sicherheitsbedingungen

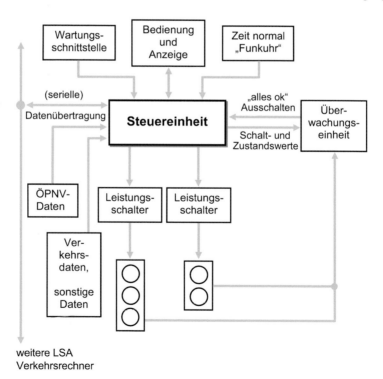

Abb. 2.5 Grundprinzip eines LSA- Steuergerätes

überwachen und ihre Einhaltung garantieren bzw. Maßnahmen ergreifen, wenn die Sicherheit gefährdet ist. Welche Sicherheitsanforderungen sind das?

1. Überwachung von Lampenausfall, speziell der Rotlampen
2. Verhinderung zueinander nicht verträglicher Grünsignale
3. Überwachung der Zwischenzeiten
4. Überwachung von Versatzzeiten

Die Anforderung 3 wird im Kap. 3 erläutert.

Was passiert, wenn eine Rotlampe defekt ist? Beispielsweise kommt ein Autofahrer auf der Hauptstraße angefahren, seine Zufahrt hat Rot, die Rotlampen sind defekt. Was schlussfolgert der Autofahrer dann möglicherweise? Die LSA ist aus; also gilt die Vorfahrtsregel, der Autofahrer fährt weiter, obwohl eine andere zu ihm nicht verträgliche Zufahrt Grün hat. Ein Unfall wäre dann das schlimmste, aber durchaus wahrscheinliche Szenario. Es muss verhindert werden, dass dieses Szenario Realität werden kann. Dazu werden (mindestens) die Rotlampen auf ihre Funktion überwacht, ein Ausfall sofort in der Überwachungseinheit registriert und die LSA in der Regel abgeschaltet.

Ein ähnliches katastrophales Szenario entstünde, wenn zwei zueinander nicht verträgliche Zufahrten Grün hätten. Hier gilt das Gleiche, wie eben ausgeführt. Die Überwachungseinheit registriert den Wunsch des gleichzeitigen Schaltens zueinander nicht verträglicher Grünsignale als Fehler und schaltet die gesamte Anlage sofort aus.

Ein gleichzeitiges Grün zweier zueinander nicht verträglicher Verkehrsströme ist also technisch 100 %ig ausgeschlossen!

Eine weitere Frage, die uns in diesem Büchlein mehrfach beschäftigt lautet: Wie „intelligent" sind Lichtsignalanlagen? Oder anders gefragt: Wie reagieren Lichtsignalanlagen auf die Verkehrsflüsse? In der Regel sind die Anlagen so programmiert, dass die Steuerung in Abhängigkeit des aktuellen Verkehrsaufkommens erfolgt.

Dazu ist selbstverständlich die Erfassung der aktuellen Verkehrssituation sowohl für den Kraftfahrzeugverkehr, den ÖPNV, den Rad- und den Fußgängerverkehr erforderlich. Messprinzipien gibt es jede Menge, von denen hier nur einige genannt werden.

Für die messtechnische Erfassung des Kraftfahrzeugverkehrs im Zusammenhang mit der Lichtsignalsteuerung kommen vorrangig

- Induktionsschleifendetektoren
- Infrarotdetektoren

- Radardetektoren
- Videodetektoren
- Magnetfelddetektoren

zum Einsatz.

Am weitesten verbreitet sind die Induktionsschleifendetektoren, deren Erfassungseinheit, die Induktionsschleifen, häufig in der Straße erkennbar sind (Abb. 2.6).

Fußgänger und Radfahrer werden meist durch einfache Taster erfasst, das heißt durch Betätigung des Tasters erfolgt eine Anmeldung/Anforderung und die Realisierung einer Freigabezeit. Alternativ werden Radardetektoren, vereinzelt auch Infrarotdetektoren und auch Induktionsschleifendetektoren (nur zur Radfahrererkennung) eingesetzt.

Straßenbahnen und Busse werden nur noch vereinzelt bzw. als Rückfallebene konventionell mittels Induktionsschleifendetektoren, Weichenkontakten und Schlüsseltaster erfasst.

Üblicherweise erfolgt die Kommunikation über Funk zwischen den ÖPNV-Fahrzeugen und dem LSA-Steuergerät mittels genormter Telegramme (R09.16.)

Abb. 2.6 In der Straße installierte Induktionsschleife

und es werden sogenannte Meldepunkte definiert, an denen sich das ÖPNV-Fahrzeug an der LSA an- und abmeldet (Abb. 2.7).

Zu einer Lichtsignalanlage gehört selbstverständlich auch die entsprechende Verkabelung. Alle Außeneinrichtungen sind über Kabel mit dem Steuergerät verbunden. Dabei werden zwei grundsätzliche Varianten unterschieden:

Ringverkabelung: Bei dieser Variante werden die Außenelemente mittels einer Ringleitung und serieller Datenübertragung angesteuert. Dezentrale Steuereinheiten empfangen die Informationen vom Steuergerät und steuern damit die angeschlossenen Elemente (Lampen) an, bzw. nehmen Informationen über ihren Zustand und von den Einrichtungen zur Messwerterfassung entgegen.

Sternverkabelung: Bei dieser Form der Verkabelung werden die einzelnen Lampen direkt vom Steuergerät aus angesteuert, bzw. die Informationen laufen direkt im Steuergerät ein. Der Aufwand für die Verkabelung ist damit wesentlich höher.

Unterschiedliche Schnittstellen zu anderen LSA, zum Verkehrsrechner oder auch zu anderen verkehrstelematischen Systemen gehören ebenso zu einer LSA dazu, wie Wartungsschnittstellen und eine Uhr, die in der Regel GPS- oder Funkuhr- (in Deutschland DCF77) gestützt die sekundengenaue Uhrzeit garantiert und oft eine Voraussetzung für die sekundengenaue Realisierung „Grüner Wellen" (siehe Kap. 5) ist.

Aus diesen Ausführungen lässt sich folgende Erkenntnis ableiten:

▶ „Eine Lichtsignalanlage (umgangssprachlich Ampel) ist eine technisch hochwertige Anlage, die nicht nur den Verkehrsfluss steuert, sondern auch umfangreiche sicherheitsrelevante Funktionalitäten aufweist, die kritische Zustände, beispielsweise ein gleichzeitiges Grün zweier zueinander unverträglicher Verkehrsströme ausschließt."

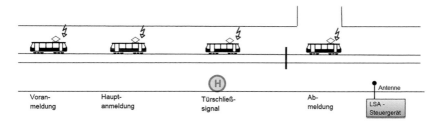

Voran-   Haupt-   Türschließ-   Ab-   Antenne
meldung   anmeldung   signal   meldung   LSA -
                                                           Steuergerät

Abb. 2.7 Skizze einer ÖPNV-Meldekette

Verriegelungen, Zwischenzeiten

3

Wir alle kennen den Zustand. Die Ampel der Querrichtung schaltet auf Rot, aber es dauert noch eine Weile bis wir Grün bekommen. Oder wir stehen an der Fußgängerquerung, sehen das Kfz-Signal, das Rot wird und müssen doch noch eine Weile auf unser Grün warten. „Schuld" daran sind die sogenannten Zwischenzeiten. Doch was ist eine Zwischenzeit, wie wird sie berechnet und was bewirkt sie?

Zwischenzeiten werden für die so genannten verriegelten oder zueinander nicht verträglichen Verkehrsströme berechnet. Nicht verträglich sind bzw. verriegelt werden alle die Verkehrsströme, die nicht gleichzeitig Grün haben dürfen. Wenn sie eine Kreuzung mit Lichtsignalanlage beispielsweise geradeaus bei Grün befahren, darf der Querverkehr nicht gleichzeitig Grün haben (siehe Kap. 2). Das betrifft alle Verkehrsströme, wie Fußgänger, Radfahrer, Fahrzeuge des öffentlichen Verkehrs und den motorisierten Individualverkehr.

Die Zwischenzeit wird so berechnet, dass es zu keinem Konflikt kommt, wenn ein geradeaus räumendes Fahrzeug bei Gelbende mit 36 km/h über die Kreuzung fährt und aus der Querrichtung ein Fahrzeug bei Grünbeginn mit fliegendem Start und 40 km/h einfährt. Beide Fahrzeuge sollen dann geradeso aneinander vorbeipassen.

Eine Zwischenzeit ist definiert als die Zeit vom Grünende, also dem Umschaltpunkt von Grün auf das Gelbsignal (wenn vorhanden) bzw. auf Rot des räumenden Verkehrsstromes, bis zum Einschalten des Grünsignales des startenden Verkehrsstromes (FGSV, RiLSA 2015, S. 21 ff.).

Die Berechnungsgleichung für die Zwischenzeit lautet (Gl. 3.1):

$$t_z = t_r + t_{\ddot{u}} - t_e \tag{3.1}$$

© Springer Fachmedien Wiesbaden GmbH 2017
J. Krimmling, *Ampelsteuerung*, essentials,
DOI 10.1007/978-3-658-17321-0_3

mit

t_z Zwischenzeit
t_r Räumzeit
$t_ü$ (Gelb) Überfahrzeit
t_e Einfahrzeit

Die Räumzeit wird als Quotient der Summe aus Räumweg s_r und Fahrzeuglänge l_F und der Räumgeschwindigkeit v_r entsprechend

$$t_r = \frac{s_r + l_F}{v_r} \tag{3.2}$$

berechnet.
   Die Einfahrzeit ist der Quotient aus Einfahrweg s_e und Einfahrgeschwindigkeit v_e

$$t_e = \frac{s_e}{v_e} \tag{3.3}$$

Nachfolgend zwei kleine Beispiele:
   In Abb. 3.1 ist folgender Sachverhalt dargestellt: Der als K1 bezeichnete Kraftfahrzeug-Verkehrsstrom räumt geradeaus die Kreuzung. Der einfahrende Strom K4 kann geradeaus fahren oder rechts abbiegen. Folgende Größen wurden gemessen bzw. sind bekannt:

Der Räumweg K1 s_r gegen den geradeaus fahrenden Strom K4 betrage 26 m.
Der Räumweg K1 s_r gegen den rechts abbiegenden Strom K4 betrage 39 m.

Abb. 3.1 Prinzipskizze
zum Beispiel der
Zwischenzeitberechnung

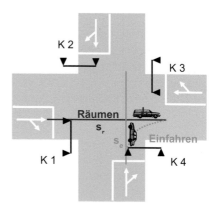

Der Einfahrweg des geradeaus fahrenden K4 s_e soll 11,1 m betragen.
Der Einfahrweg des rechts abbiegenden K4 s_e soll 15,5 m betragen.

Die Parameter sind wie folgt festgeschrieben:

$$t_{\ddot{u}} = 3\,s, v_r = 10\,m/s, l_F = 6\,m, v_e = 11,1\,m/s$$

Berechnung der Zwischenzeit für den räumenden K1 gegen den geradeaus einfahrenden K4:

$t_z = \frac{26\,m + 6\,m}{10\,m/s} + 3\,s - \frac{11,1\,m}{11,1\,m/s} = 5,2\,s$, aufgerundet auf ganze Sekunden 6 s.

Berechnung der Zwischenzeit für den räumenden K1 gegen den rechts abbiegenden K4:

$t_z = \frac{39\,m + 6\,m}{10\,m/s} + 3\,s - \frac{15,5\,m}{11,1\,m/s} = 6,1\,s$, aufgerundet auf ganze Sekunden 7 s.

Die praktisch anzusetzende Zwischenzeit ist immer der größte Wert, in diesem Fall 7 s.

Die Beispielberechnung ist davon ausgegangen, dass bei K1 keine Radfahrer auf der Straße mitfahren. Ist es erlaubt, dass Radfahrer auf der Straße mitfahren, ist für diese ebenfalls eine Zwischenzeitberechnung durchzuführen:

Berechnung der Zwischenzeit für den räumenden Radfahrer K1 gegen den geradeaus einfahrenden K4 mit folgenden für räumende Radfahrer gültigen Parametern:

$$t_{\ddot{u}} = 1\,s, v_r = 4\,m/s, l_F = 0\,m,$$

$t_z = \frac{26\,m}{4\,m/s} + 1\,s - \frac{11,1\,m}{11,1\,m/s} = 6,5\,s$, aufgerundet auf ganze Sekunden 7 s.

Berechnung der Zwischenzeit für den räumenden Radfahrer K1 gegen den rechts abbiegenden K4:

$t_z = \frac{39\,m}{4\,m/s} + 1\,s - \frac{15,5\,m}{11,1\,m/s} = 9,4\,s$, aufgerundet auf ganze Sekunden 10 s.

Für die anzusetzende Zwischenzeit K1 räumt K4 startet wird der größte Wert aller Konflikte (Rad und Kfz) angesetzt. Die Zwischenzeit würde in diesem Fall 10 s betragen. Durch das Benutzungsrecht der Radfahrer auf der Straße erhöht sich demnach die Zwischenzeit von 7 s auf 10 s. Ein Radfahrer der zu Gelbbeginn die Kreuzung quert, muss diese ja sicher passieren können.

Diese 10 s bedeuten, dass vom Wechsel des Signalbildes an K1 von Grün auf Gelb bis zum Grüneinschalten an K4 genau 10 s vergehen. Wenn die Gelbzeit 3 s beträgt (dieser Wert gilt bei einer Geschwindigkeit von 50 km/h oder kleiner) und die Rotgelbzeit eine Sekunde beträgt, liegen dazwischen 6 s Rot, ohne dass möglicherweise Fahrbewegungen auf dem Knotenpunkt auftreten. Die Sicherheit hat Vorrang, auch wenn in den seltensten Fällen ein Radfahrer zu Gelbbeginn in die Kreuzung einfahren wird um diese dann mit 14,4 km/h (4 m/s) zu passieren.

Zusammenfassend lässt sich einschätzen, dass Zwischenzeiten manchmal lästig wirken, aber für die Sicherheit an einer Lichtsignalgeregelten Kreuzung unerlässlich sind.

Ein paar ergänzende Bemerkungen sind aber notwendig:
Die Fahrzeuglänge eines Kraftfahrzeuges wird mit 6 m angesetzt (siehe Beispiel). Was passiert aber, wenn ein längerer Lkw die Kreuzung räumt und die Zwischenzeit möglicherweise nicht ganz ausreicht? Mit der Lösung einfach losfahren und den Lkw „von der Kreuzung schieben", schadet man sich nur selbst. Die Vernunft der Verkehrsteilnehmer ist selbstverständlich auch gefragt. Im konkreten Fall gilt selbstverständlich die StVO, die in den Paragrafen 11 und 1 regelt, dass nicht auf eine Kreuzung gefahren werden darf, wenn auf ihr gewartet werden müsste.

Zwischenzeitberechnungen für räumende Straßenbahnen (und teilweise auch Busse) haben weitere Besonderheiten, auf die hier nicht im Detail eingegangen wird. Aber auch hier gilt das zuvor Gesagte. Eine Bahn wird mit einer Länge von 15 m angesetzt. In der Realität sind Straßenbahnen häufig länger. Trotzdem wird es selten zu einem Konflikt mit einfahrenden Verkehrsströmen kommen. Wenn doch gilt die StVO...

Auch für Engstellensignalisierungen bei denen die Lichtsignalanlagen zur wechselseitigen Freigabe jeweils einer Fahrtrichtung dienen, werden Zwischenzeiten berechnet.

In diesem Fall wird auf die Einfahrzeit t_e verzichtet. Fahrzeuglängen spielen ebenfalls keine Rolle. Als Räumgeschwindigkeit wird in der Regel die um 10 km/h verringerte Höchstgeschwindigkeit (minimal 30 km/h) angesetzt. Die Überfahrzeit entspricht der Gelbzeit von 4 s. Radfahrer können in der Regel vernachlässigt werden, außer in dem Fall in dem die Engstelle ein gefahrloses Begegnen von Radfahrern und Kraftfahrzeugen nicht zulässt. Im Gegensatz zu den LSA wird dann mit einer Radfahrerräumgeschwindigkeit von 18 km/h gerechnet. Folgende Erkenntnis lässt sich aus den Zwischenzeiten ableiten:

▶ „Die Zwischenzeiten, das heißt die Zeiten zwischen dem Grün-Ende eines Verkehrsstromes und dem Grün-Anfang eines dazu unverträglichen Verkehrsstromes, sind so reichlich bemessen, dass in der Regel eher Zeiten entstehen, an denen sich an den LSA kein Verkehrsstrom aktiv bewegt, als dass gefährdende Zustände entstehen, bei denen Verkehrsströme den Konfliktbereich noch nicht geräumt haben, wenn einfahrende Ströme ihn erreichen. Falls das Räumen doch nicht wie geplant möglich ist, gilt die StVO, wonach erst dann eingefahren werden darf, wenn ein Verlassen der Kreuzung sicher möglich ist."

Damit genug zum Thema Zwischenzeiten. Wenden wir uns der Anwendung der Zwischenzeiten und damit der Frage zu: „Wie entsteht ein Signalzeitenplan?".

Signalzeitenpläne und Festzeitsteuerung

4

Was ist denn überhaupt ein Signalzeitenplan? Ein Signalzeitenplan stellt die zeitliche Abfolge von Signalisierungszuständen dar (Schnabel, Lohse Band 1, 1997, S. 228 ff.). Am fiktiven ganz einfachen Beispiel der Zwischenzeitberechnung (Abb. 3.1) orientiert sich der Signalzeitenplan in Abb. 4.1.

Alle vorhandenen Signalgruppen werden dargestellt. Im Beispiel sind das die Signalgruppen K1, K2, K3 und K4. In einer Signalgruppe werden die Signalgeber (Ampeln) zusammengefasst, die immer zeitgleich das gleiche Farbbild zeigen müssen. So bestehen K1, K2, K3 und K4 aus jeweils 2 Signalgebern (in der Skizze die kleinen schwarzen Dreiecke). Diese zwei zeigen immer gleichzeitig Rot, Gelb, Rotgelb oder Grün.

In der Abb. 2.4 bilden beispielsweise der rechte Signalgeber und der am Ausleger am weitesten rechts befestigte Signalgeber eine Signalgruppe, die den Geradeausverkehr signalisiert.

Von einem Festzeitsignalzeitenplan wird gesprochen, wenn sich die zeitliche Abfolge der Schaltzeiten der einzelnen Signalgruppen exakt periodisch wiederholt. Die Periode wird als Umlaufzeit T_p bezeichnet. Unser Beispielsignalzeitenplan hat eine Umlaufzeit von 60 s. Das heißt, wenn K1 in der Sekunde 1 Grün erhält, erfolgt der nächste Grünbeginn in Sekunde 61, der darauffolgende in Sekunde 121 und so weiter. Dieses Beispiel ist sehr vereinfachend. Zu einer Lichtsignalanlage gehört in der Regel eine Vielzahl von Signalgruppen, solche die beispielsweise geradeaus fahrende und abbiegende Kraftfahrzeugströme, Busse und Straßenbahnen, Radfahrer und Fußgänger signalisieren. Die größten Anlagen haben daher über 60 Signalgruppen. In Abb. 4.2 ist beispielhaft ein realer, festzeitgesteuerter Signalzeitenplan mit 32 Signalgruppen dargestellt.

In diesem Zusammenhang wird noch der Begriff Phase eingeführt. In einer Phase ändert sich kein Signalbild. Also alle Signalgruppen zeigen entweder Rot, Grün oder auch Dunkel. In Abb. 4.1 sind 2 Phasen vorhanden. In Phase 1

© Springer Fachmedien Wiesbaden GmbH 2017
J. Krimmling, *Ampelsteuerung*, essentials,
DOI 10.1007/978-3-658-17321-0_4

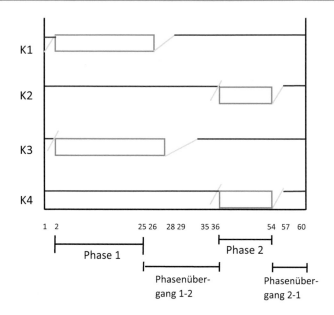

Abb. 4.1 Beispiel für einen Signalzeitenplan mit 4 Signalgruppen

(Sekunde 2 bis 25) haben K1 und K3 Grün, K2 und K4 Rot. In Phase 2 (Sekunde 36 bis 54) ist es genau umgekehrt (K2 und K4 Grün, K1 und K3 Rot). Dazwischen befinden sich die Phasenübergänge von Phase 1 nach 2 (Sekunde 25 bis 36) und von Phase 2 nach 1 (Sekunde 54 bis 2). In den Phasenübergängen sind alle Schaltbefehle und Veränderungen der Signalbilder lokalisiert.

Solche festzeitgesteuerten Anlagen sind in Deutschland in der Minderheit. Im praktischen Einsatz befinden sich überwiegend verkehrsabhängig gesteuerte (oder genauer gesagt geregelte) Anlagen (siehe Kap. 6). Abb. 4.3 zeigt das Prinzip einer festzeitgesteuerten Lichtsignalanlage. Die Festzeitsteuerung ist im Steuergerät versorgt. Die Signalgeber werden entsprechend angesteuert und die Verkehrsteilnehmer werden so zum Anhalten oder Fahren bewegt. Eine Rückkopplung, ob viele Verkehrsteilnehmer, wenige oder vielleicht auch gar keine da sind, die das Grün einer Signalgruppe nutzen wollen, gibt es nicht.

Um auf eine Eingangsfrage zurückzukommen, diese Anlagen können nur so „intelligent" sein, wie sie im Vorfeld anhand durchschnittlicher Verkehrszahlen geplant werden können. Oder anders gesagt, kurzzeitige Verkehrsschwankungen werden nur als Mittelwert Berücksichtigung finden, da diese ja nicht messtechnisch erfasst werden.

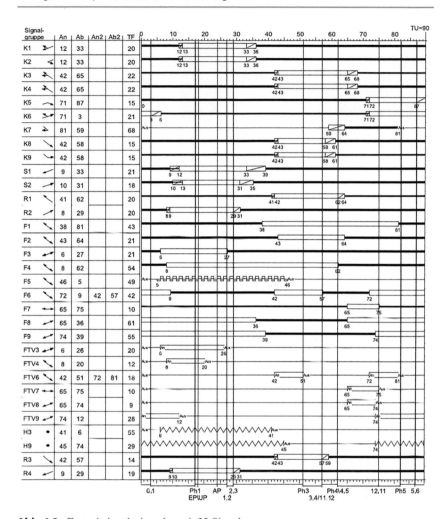

Abb. 4.2 Festzeitsignalzeitenplan mit 32 Signalgruppen

Warum gibt es dennoch Festzeitsteuerungen? Diese dienen insbesondere zur Bewertung der Leistungsfähigkeit des lichtsignalisierten Knotenpunktes, das heißt mittels Festzeitsteuerung werden folgende Fragen beantwortet: „Gibt es nach Inbetriebnahme der Lichtsignalanlage Staus? Wie groß sind die durchschnittlichen Wartezeiten der einzelnen Verkehrsströme?".

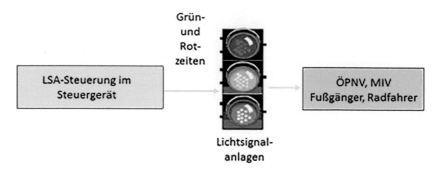

Abb. 4.3 Lichtsignalanlage Festzeitsteuerung

Die Berechnung der Leistungsfähigkeit erfolgt nach Vorgaben, die im Handbuch zur Bemessung von Straßenverkehrsanlagen, Ausgabe 2015 (FGSV: HBS2015S, S. 65 ff.) zusammengefasst sind. Neuanlagen dürfen nur dann in Betrieb genommen werden, wenn die Leistungsfähigkeit gegeben ist und die durchschnittlichen Wartezeiten für die einzelnen Verkehrsströme bestimmte Schwellwerte nicht überschreiten. Dazu erfolgt eine Einteilung in Qualitätsstufen des Verkehrsablaufes von A über B, C, D, E bis F. Diese Qualitätsstufen sind vergleichbar mit den Schulnoten 1 bis 6.

Qualitätsstufe A entspricht dementsprechend einer glatten 1, d. h. der Verkehrsstrom mit der Qualitätsstufe A wird bestens durch die Lichtsignalanlage bedient. Es gibt kaum Wartezeiten für alle Verkehrsteilnehmer/-ströme. Die Qualitätsstufe F entspricht der 6. Die Verkehrsqualität für den entsprechenden Verkehrsstrom ist dann miserabel. Es treten sehr lange Wartezeiten ebenso auf wie im Kfz-Verkehr Staus.

Basis für die Leistungsfähigkeit einer Lichtsignalanlage ist der sogenannte Sättigungsgrad g. Dieser wird nach der Gleichung

$$g = \frac{q * T_p}{q_s * t_F} \tag{4.1}$$

berechnet.

T_p ist die Umlaufzeit, t_F die Freigabezeit im betrachteten Umlauf. Klein q steht für die Verkehrsstärke also die Anzahl der Fahrzeuge pro Stunde (Kfz/h), die real vorhanden ist. Schließlich ist q_s die Sättigungsverkehrsstärke, die größte Verkehrsstärke, die ein Verkehrsstrom an einer LSA auf einem Fahrstreifen mit ungehindertem Abfluss beim Überfahren der Haltelinie erreichen kann (bei einer

Stunde Dauergrün). Die Berechnungsvorschriften zur Ermittlung der Sättigungs-verkehrsstärke sind im HBS2015 vorgegeben. Überschläglich liegt der Zeitbedarf für ein Fahrzeug bei 1,8 bis 2,0 s. Die Sättigungsverkehrsstärke liegt damit zwischen 2000 und 1800 Kfz/h. Folgendes Beispiel verdeutlicht die Berechnung des Sättigungsgrades. Folgende Größen seien gegeben:

$$T_p = 90\,s$$
$$t_F = 40\,s$$
$$q_s = 1800\,Fz\big/h$$
$$q = 600\,Fz\big/h$$

Entsprechend Gl. 4.1 berechnet sich g zu

$$g = \frac{\left(600\frac{Fz}{h} * 90\,s\right)}{\left(1800\frac{Fz}{h} * 40\,s\right)} = 0,75$$

Die Grenze der Leistungsfähigkeit liegt theoretisch bei 1. In diesem Fall wird jedes Grün mit Fahrzeugen, die sich ideal verhalten (im Beispiel benötigt jedes Fahrzeug zum Passieren der Haltelinie exakt 2 s) genau ausgenutzt. Wir wissen aus der Praxis, dass dieses ideale Verhalten nicht realistisch ist, so dass praktisch sinnvolle Grenzwerte des Sättigungsgrades bei etwa 0,9 liegen. In unserem Beispiel beträgt g 0,75. Es ist also davon auszugehen, dass die betrachtete Signalgruppe der Lichtsignalanlage leistungsfähig ist und keine Staus zu befürchten sind.

Festzeitpläne dienen außerdem als Basis zur Erarbeitung von Grünen Wellen (siehe Kap. 5). Manchmal werden sie auch als Rückfallebene verwendet, wenn die Messtechnik bei verkehrsabhängigen Steuerungen ausfällt. Der große Vorteil der Festzeitsteuerung liegt in der eindeutigen Prognostizierbarkeit der Freigabezeiten. Restrot- oder -grünzeitzähler (Abb. 4.4), die exakt angeben, wie lange noch Grün oder Rot ist, sind nur bei einer Festzeitsteuerung absolut zuverlässig.

Das führt zu folgender Erkenntnis:

▶ „Festzeitsteuerungen können nicht auf den aktuellen Verkehrsfluss reagieren, sondern sind für durchschnittliche Bedingungen ausgelegt. Trotzdem sind sie notwendig, um die Leistungsfähigkeit nachzuweisen, dienen ggf. als Rückfallebene bei Ausfall der Messtechnik und sind Basis zur Erarbeitung von Grünen Wellen."

Abb. 4.4 Restrot- und Restgrünzeitzähler

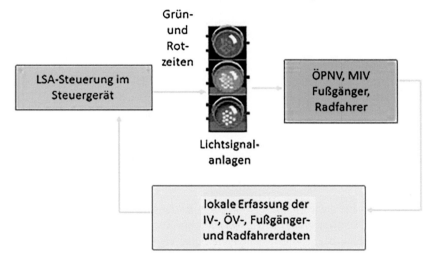

Abb. 4.5 Verkehrsabhängige Steuerung durch Rückkopplung mittels Verkehrsdatenerfassung

Um die Lichtsignalanlagen jedoch verkehrsadaptiv zu gestalten, ist eine Rückkopplung im Sinne eines Regelkreises notwendig (Abb. 4.5). Diese Rückkopplung erfolgt durch die Erfassung der Verkehrsströme (siehe Kap. 2). Grundsätzlich gilt, je besser die Messwerterfassung, umso besser kann eine verkehrsabhängige Steuerung arbeiten. Bevor im Kap. 6 wesentliche Merkmale verkehrsabhängiger Steuerungen erläutern werden, wenden wir uns im folgenden Kapitel der Koordinierung zu.

Betrachtung von Straßenzügen und -netzen (Grüne Wellen)

5

Bisher haben wir eine einzelne Lichtsignalanlage betrachtet. Gelten die dabei getroffenen Aussagen auch für mehrere Anlagen innerhalb beispielsweise eines Streckenzuges? Diese Frage lässt sich zunächst mit ja beantworten. Jede LSA benötigt als Basis einen oder mehrere Festzeitpläne. Auf dieser Basis kann jede LSA für sich allein gesteuert werden. Allerdings führt das in der Regel für den Kfz-Verkehr zu unnötigen Halten und damit einem verstärkten Schadstoffausstoß. Abb. 5.1 zeigt schematisch ein Straßennetz mit 6 LSA. Ein solches Netz ist grundsätzlich geeignet für die Realisierung grüner Wellen und damit der Gewährleistung eines flüssigen Verkehrsablaufes. Fragt man Autofahrer, Radfahrer, Fußgänger, Bus- und Straßenbahnfahrer nach ihren Wünschen für eine Grüne Welle, ist die Antwort fast immer gleich: „Wir möchten ohne Anhalten über mehrere LSA fahren". Ist das immer möglich? Leider nein. Auch der Verkehrsablauf unterliegt physikalischen Gesetzen.

Betrachten wir für eine Grüne Welle zunächst nur die Verkehrsteilnehmer, die mit einer gleichmäßigen Geschwindigkeit (beispielsweise Kfz mit einer Geschwindigkeit von 50 km/h), eine Strecke befahren.

Grüne Wellen werden als sogenannte Zeit-Weg-Bänder dargestellt. Abb. 5.2 zeigt ein Beispiel. Auf der Abszisse (waagerechte x-Achse) ist der Weg und auf der Ordinate (senkrechte y-Achse) die Zeit, periodisch eingeteilt in die Umlaufzeit dargestellt. Es sollen 3 LSA im Abstand von 625 m existieren. Die jeweiligen Grünzeiten der Verkehrsströme innerhalb der Grünen Welle auf Basis der Festzeitsteuerung sind auf den senkrechten Achsen für jede LSA aufgetragen. Verbindet man die Grünanfangszeiten und die Grünendezeiten getrennt für beide Fahrtrichtungen, so entstehen die sogenannten Grünbänder. Grün ist es für die Fahrtrichtung von links nach rechts und lila für die Fahrtrichtung von rechts nach links darge-

© Springer Fachmedien Wiesbaden GmbH 2017
J. Krimmling, *Ampelsteuerung*, essentials,
DOI 10.1007/978-3-658-17321-0_5

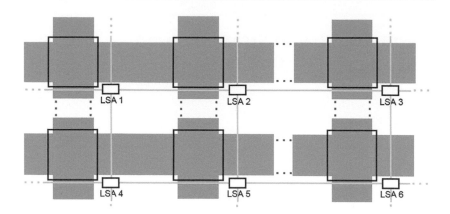

Abb. 5.1   Schematisches LSA-Netz, geeignet für eine Koordinierung

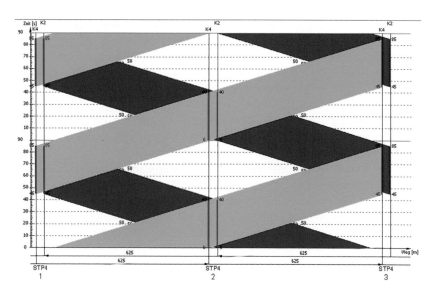

Abb. 5.2   Ideales Grünband für beide Fahrtrichtungen

stellt. Jeder Autofahrer wird sagen, genauso wünsche ich mir die Grüne Welle. Warum muss ich manchmal trotzdem bei Rot in einer „Grüne Welle" anhalten? Dafür ist die Physik, ausdrückbar als der sogenannte Teilpunktabstand, verantwortlich. Es gibt einen physikalisch optimalen Abstand zwischen den Lichtsignalanlagen für eine Grüne Welle. Der Abstand muss genauso groß sein, dass sich gegenläufige Grünbänder schneiden. In Abb. 5.2 ist das nach exakt 625 m der Fall. Dadurch, dass sich die gegenläufigen Grünbänder exakt überschneiden, bleibt an allen LSA genügend Zeit für querende Fußgänger, den weiteren Querverkehr aber auch für Linksabbieger von der Hauptrichtung. Im Beispiel haben beide Grüne-Welle-Richtungen am Knotenpunkt 2 ihre Freigabezeit von Sekunde 1–40 und an den Knotenpunkten 1 und 3 von Sekunde 45 bis 85. Die weiteren 50 s bleiben für alle dazu nicht verträglichen Verkehrsströme und die Zwischenzeiten. Dieser Teilpunktabstand lm berechnet sich gemäß

$$lm = \frac{v * \mathrm{Tp}}{2} \qquad (5.1)$$

sehr einfach als die Hälfte des Produktes aus der Umlaufzeit Tp und der Entwurfsgeschwindigkeit (in der Regel die zulässige Höchstgeschwindigkeit) v.

Folgendes Beispiel verdeutlicht die Berechnung des Teilpunktabstandes: Gegeben sind

$$V = 50 \, \mathrm{km/h}$$
$$T_p = 90 \, \mathrm{s}$$

lm = (50 km/h * 90 s)/3,6 * 2 = 625 m.

625 m beträgt der ideale Abstand zwischen den Lichtsignalanlagen bei einer Geschwindigkeit von 50 km/h und einer Umlaufzeit von 90 s. Genauso sind die Bedingungen für das in Abb. 5.2 dargestellte ideale Grünband.

Wie sieht denn ein Grünband aus, wenn der Teilpunktabstand nicht eingehalten werden kann? Die Lage der mittleren LSA in Abb. 5.3 ist in diesem Beispiel ungünstig; sie liegt genau in der Hälfte des Teilpunktabstandes. Sie wurde um 312 m nach rechts verschoben. Ein wirkliches Grünband existiert nicht mehr. Es bleibt noch die Möglichkeit, die Freigabezeiten an LSA 2 zu verändern. Das ist in Abb. 5.4 geschehen. Dort sieht das Grünband wieder ideal aus. Bei genauer Betrachtung erkennt man aber, dass LSA 2 zwar ideale Grünzeiten für beide koordinierte Richtungen anbietet. Aber die Grünzeiten verbrauchen 80 s vom im Umlauf zur Verfügung stehenden 90 s. Die verbleibenden 10 s müssten also für alle Verkehrsströme, die zu der koordinierten Richtung nicht verträglich sind, wie

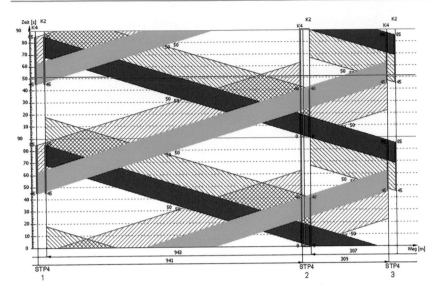

Abb. 5.3 Grünband bei ungünstigem Teilpunktabstand

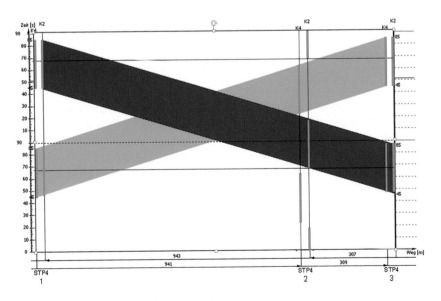

Abb. 5.4 Grünband mit verschobenen Freigabezeiten

alle querenden Ströme (Kfz, Fußgänger, Radfahrer), mögliche spursignalisierte Linksabbieger sowie ÖPNV-Ströme ausreichen.

In der Praxis sind diese 10 s in der Regel nicht einmal für die Zwischenzeiten ausreichend. Also dürfte es keinen Querverkehr geben. Doch wozu wird dann eine Lichtsignalanlage benötigt? Unsere Erkenntnis daraus ist folgende:

▶ „Es gibt in der Praxis Lichtsignalanlagen, die aufgrund ungünstiger geometrischer Rahmenbedingungen eine Grüne Welle nur in einer Richtung anbieten können."

Trotzdem gibt es in der Praxis zahlreiche Grüne Wellen, auch bei nicht optimalen Abständen zwischen den LSA. Ein Lösungsansatz liegt darin, dass versetzte Freigabenzeiten zwischen den gegenläufigen Grünbandrichtungen angeboten werden. Das heißt, beide Richtungen haben nur einen gemeinsamen Freigabezeitanteil. In Abb. 5.5 ist ein Grünband dargestellt, wie es in der Praxis aussehen könnte.

7 Lichtsignalanlagen mit einer Umlaufzeit von 120 s sind in beide Richtungen koordiniert. LSA 6 kann aufgrund eines komplizierten Phasensystems nur eine

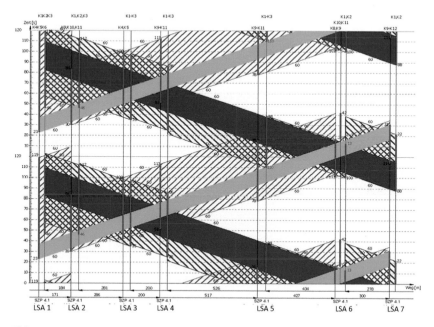

Abb. 5.5 Reales Grünband

vergleichsweise kurze Grünzeit anbieten. Außerdem gibt es an LSA 6 eine Reihe Einbieger, die in Richtung LSA 5 bis 1 fahren und einen sogenannten Vorlauf benötigen, um das durchgehende Grünband nicht zu behindern. Das heißt, wenn die Fahrzeuge, die am zurückliegenden Knotenpunkt (LSA 6) zu Grünanfang starten, an LSA 5 eintreffen (Fahrtrichtung von rechts nach links), muss schon eine gewisse Zeit Grün sein, um die bei Rot vorgestauten Fahrzeuge (Einbieger von LSA 6) vor dem Pulk losfahren zu lassen.

Dieser Vorlauf muss dann über die weiteren LSA 4 bis 1 weitestgehend beibehalten werden. In der Gegenrichtung besteht die Forderung beginnend an LSA 2 einen systematisch größer werdenden Vorlauf anzubieten, da an allen LSA nennenswerte Einbiegeströme zu verzeichnen sind. Als Konsequenz steht dem durchgehenden Grünband an LSA 6 nur eine geringe Grünzeit zur Verfügung. Da an dieser LSA starke Linksabbiegeströme aus der Koordinierung heraus zu verzeichnen sind, ist dieser Umstand vertretbar.

Die Linksabbieger erhalten im Anschluss an die durchgehende Richtung ihre Grünzeit. Aus Abb. 5.5 können wir folgende Erkenntnis ableiten:

▶   „Die Realisierung praktischer Grüner Wellen hängt von weiteren Einflussfaktoren, wie Einbiegeströme, Phasensysteme, Leistungsfähigkeit des stärkst belasteten Knotenpunktes ab und verlangt eine gründliche Planung und Ausführung."

Nachdem nun die wesentlichen Grundlagen für die festen Steuerungen besprochen sind, wenden wir uns den Verkehrsabhängigkeiten zu.

Verkehrsabhängigkeiten als „Intelligenz" einer Lichtsignalanlage

6

Verkehrsabhängige Steuerungen sind das „Salz in der Suppe" der Lichtsignalanlagen. Damit können Staus vermieden, Wartezeiten reduziert, ein flüssiger Verkehrsablauf erreicht werden. Aber es gibt bekanntlich auch „versalzene Suppen". Das heißt, eine schlecht erarbeitete oder schlecht parametrierte Verkehrsabhängigkeit kann auch zur Verschlechterung des Verkehrsablaufes führen.

Was unterscheidet eine Verkehrsabhängigkeit von einer Festzeitsteuerung? Bei einer Festzeitsteuerung sind die Abläufe immer gleich und der Verkehrsteilnehmer kann sich exakt darauf einstellen. Verkehrsabhängigkeiten führen zu unterschiedlich langen Grünzeiten, zu unterschiedlichen Phasenfolgen, häufig auch zu unterschiedlichen Umlaufzeiten. Wir als Verkehrsteilnehmer können uns also nicht mehr darauf verlassen, dass die Abläufe gleich oder ähnlich sind. Verkehrsabhängig heißt ja, es gibt eine Rückkopplung zum aktuellen Verkehrsgeschehen (siehe Abb. 4.5) und die Dauer der Grünzeiten ist ebenso variabel wie gegebenenfalls der Phasenablauf. In nachfolgender Tab. 6.1 sind wesentliche Merkmale der Festzeitsteuerung, einer teilverkehrsabhängigen Steuerung und einer voll verkehrsabhängigen Steuerung zusammengestellt.

Betrachten wir einige Merkmale der verkehrsabhängigen Steuerung im Folgenden etwas genauer.

Wie wird eine Grünzeit verkehrsabhängig bemessen?
Voraussetzung ist eine Erfassung des Verkehrsflusses bzw. einzelner Fahrzeuge. Auf die Methodik zur Messwerterfassung wurde bereits im Kap. 2 kurz eingegangen. Betrachten wir zunächst den Kraftfahrzeugverkehr:

Die klassische Methode zur Verlängerung der Grünzeiten ist die sogenannte Zeitlückensteuerung (Abb. 6.1). Dabei wird die Nettozeitlücke (die Zeitlücke

Tab. 6.1 Merkmale unterschiedlicher Steuerungsverfahren

Steuerungsverfahren	Unkoordiniert	Koordiniert
Festzeitsteuerung	• Gleiche Umlaufzeit, Phasenfolge und Grünzeitverteilung • Veränderungen nur in unterschiedlichen Signalzeitplänen • Einsatz von Restrot- und -grünzeitzählern möglich	• In der Regel gleiche Umlaufzeiten in allen zur Koordinierung gehörenden LSA • In allen LSA bleiben die Phasenfolge und die Grünzeiten gleich
Teilverkehrsabhängige Steuerung	• Häufig gleiche Phasenfolge aber unterschiedlich lange Grünzeiten • Phasentausch-, ein- und -ausblendung ist möglich • Umlaufzeiten ändern sich permanent	• In der Regel gleiche Umlaufzeiten in allen zur Koordinierung gehörenden LSA • Phasenfolge bleibt erhalten oder wird geringfügig modifiziert (siehe linke Spalte) • Grünzeitverteilung wird verkehrsabhängig im Rahmen der festen Umlaufzeit ermittelt
Vollverkehrsabhängige Steuerung	• Variable Phasenfolge • Variable Grünzeiten • Variable Umlaufzeiten bzw. Umlaufzeiten nicht eindeutig definierbar	• Die Systemumlaufzeit aller LSA in der Koordinierung ist fest • Variable Phasenfolge • Variable Grünzeiten • Relativ fest ist der Beginn der Grünzeit(en) für die koordinierten Ströme

vom Heck des vorderen Fahrzeuges bis zum Bug des Folgefahrzeuges) zwischen zwei aufeinanderfolgenden Fahrzeugen auf jedem Fahrstreifen, für den eine Grünzeitverlängerung aktuell ermöglicht werden kann, gemessen. Ist die Zeitlücke zwischen diesen Fahrzeugen kleiner als eine als Parameter hinterlegte Grenzzeitlücke, wird die Grünzeit verlängert. Anderenfalls erfolgt ein Abbruch der Grünzeitverlängerung.

Der Grundgedanke besteht darin, dass die Fahrzeuge eines Fahrzeugpulks relativ dicht hintereinander fahren. Wird die Grenzzeitlücke nicht überschritten, ist der Pulk noch nicht zu Ende und eine Grünzeitverlängerung ist sinnvoll.

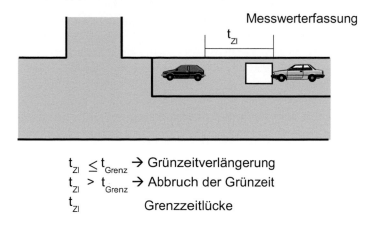

Messwerterfassung

$t_{Zl} \leq t_{Grenz}$ → Grünzeitverlängerung
$t_{Zl} > t_{Grenz}$ → Abbruch der Grünzeit
t_{Zl} Grenzzeitlücke

Abb. 6.1   Grundprinzip der Grünzeitverlängerung nach dem Zeitlückenprinzip

Die Einrichtung zur Messwerterfassung sollte möglichst so weit vor der Haltelinie positioniert werden, dass die Verlängerung der Grünzeit in etwa so groß ist, wie die Fahrzeit bis zur Haltelinie beträgt. Das entsprechende Fahrzeug kann dann innerhalb der Zeitlücke bis etwa zur Haltelinie fahren, also beim Umschalten von Grün auf Gelb in den Knotenpunkt einfahren. Bei einer Zeitlücke von 3 s und einer Geschwindigkeit von 50 km/h sind das ca. 42 m. Praktische Entfernungen liegen in den meisten Fällen zwischen 30 und 40 m.

Die Größe der Zeitlücke liegt in der Praxis häufig zwischen 2 und 4 s. Größere Zeitlücken bis zu 7 s treten in Ausnahmefällen (starker Lkw-Anteil) ebenfalls auf.

Andere selten eingesetzte Methoden zur Grünzeitverlängerung verwenden die Anzahl bei Rot vorgestauter Fahrzeuge als Bemessungskriterium oder auch den Belegungsgrad. Das ist die Zeitdauer, in der Fahrzeuge eine Messstelle belegen im Verhältnis zur gesamten Erfassungszeit. Grünzeitverlängerungen erfolgen auch bei überstauter Messstelle. Ein klassisches Beispiel dafür sind Autobahnabfahrten mit anschließender Lichtsignalanlage als Verknüpfungspunkt in das nachgeordnete Straßennetz. Wenn sich von dieser Lichtsignalanlage ein Stau rückwärts in Richtung Autobahn ausbreitet, wird dieser messtechnisch erfasst und es erfolgt eine deutliche Grünzeitverlängerung für den Verkehrsstrom, der die Autobahn verlassen will. Damit werden Rückstaus bis auf die Lastspur der Autobahn verhindert, die verkehrsgefährdend wären. Wir lernen daraus für das tägliche Fahrverhalten:

▶ „Da üblicherweise das Zeitlückenverfahren zum Einsatz kommt, lohnt es sich, an verkehrsabhängig gesteuerten Lichtsignalanlagen nicht zu trödeln und dadurch die Lücke zum Vordermann nicht zu groß werden zu lassen, um die Grünzeitverlängerung nicht durch unser Fahrverhalten zu beenden."

Selbstverständlich unterliegen die verkehrsabhängigen Grünzeitverlängerungen weiteren Restriktionen. Sie können verkehrsabhängig beendet werden durch

- hoch priorisierte, zum laufenden Grün unverträgliche Verkehrsströme wie ÖPNV Fahrzeuge (Busse, Straßenbahnen), um eine rechtzeitige Freischaltung dieser Ströme zu ermöglichen,
- maximale Wartezeiten einzelner Verkehrsströme (Fußgänger, Radfahrer) oder von unverträglichen Phasen,
- Vorgaben übergeordneter Steuerungen wie beispielsweise Verkürzung von Grünzeiten zur Zuflussdosierung in sensible Bereiche.

Genauso ist ein zeitabhängiger Abbruch sinnvoll und notwendig, um den anderen zum aktuellen Grün unverträglichen Strömen ihre Freigabezeit zu gewähren. Zeitabhängige Abbruchkriterien sind beispielsweise:

- eine maximale Grünzeit des zu verlängernden Verkehrsstromes,
- eine maximale Verlängerungszeit,
- die Sicherung von Grünen Wellen, die zur aktuellen Grünzeit unverträglich sind.

Welche Grünzeitverlängerungen werden aber bei Straßenbahnen und Bussen wirksam? In der Regel wird jedes ÖPNV-Fahrzeug separat behandelt. In Abb. 2.7 ist die dabei übliche Fahrzeugerfassung dargestellt. Abb. 6.2 zeigt das Grundprinzip der ÖPNV-Behandlung an einer LSA. Das Fahrzeug meldet sich über die Vor- und/oder Hauptanmeldung an. Es wird eine durchschnittliche Fahrzeit hinterlegt. Kurz bevor das ÖPNV-Fahrzeug eintrifft, sollte es seine Freigabezeit erhalten. Die Freigabe bleibt so lange bestehen, bis eine Abmeldung, üblicherweise durch das Abmeldetelegramm (Abb. 2.7) erfolgt.

Auch die ÖPNV-Freigabe wird durch eine maximale Grün-/Verlängerungszeit begrenzt. Zusätzlich wird noch eine sogenannte Zwangslöschzeit vereinbart. Diese dient dazu, die Anmeldung des ÖPNV-Fahrzeuges zu löschen, wenn die „klassische" Abmeldung nicht erfolgt, beispielsweise weil das entsprechende Abmeldetelegramm nicht im Steuergerät empfangen wurde. Diese Zwangslöschzeit kann

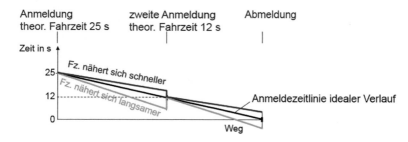

Abb. 6.2 Prinzip der Grünzeitverlängerung des ÖPNV

relativ klein sein, wenn für das angemeldete ÖPNV-Fahrzeug in jedem Umlauf eine Freigebezeit z. B. mit dem parallelen Kfz-Verkehr geschaltet wird. Bekommt das ÖPNV-Fahrzeug jedoch nur seine Freigabezeit, wenn es angemeldet ist, wird diese Zwangslöschzeit wesentlich größer angesetzt und kann dann 100 s merklich überschreiten. Im letzteren Fall sind neben der Anmeldung über die Telegramme eine oder mehrere Rückfallebenen zur Anmeldung notwendig, die beispielsweise in Form von Induktionsschleifen oder Transpondern im Gleis bei Straßenbahnen bzw. (Schlüssel)Taster oder berührungslose Techniken am Signalmast ausgebildet sind.

In seltenen Fällen erfolgt auch eine aktive Verlängerung der Grünzeit von Radfahrern und/oder Fußgängern. Fahren Radfahrer auf der Fahrbahn mit und haben kein separates Signal, ist eine indirekte Verlängerung der Freigabe durch die für den Kfz-Verkehr vorgegebene Zeitlücke möglich, sofern die Radfahrer messtechnisch mit erfasst werden. Bei separater Signalisierung der Radfahrer muss für eine Freigabezeitverlängerung eine spezielle Messtechnik vorgesehen werden. Dann gelten ähnliche Prinzipien wie beim Kfz-Verkehr. Zur verkehrsabhängigen Verlängerung von Fußgängerfreigaben müssen die Fußgängerströme im Bereich ihrer Furt erfasst werden. Das geschieht praktisch nur in wenigen Fällen, insbesondere durch Infrarot und Radartechnik. Auch hier gilt dann, eine Verlängerung erfolgt solange noch Fußgänger erfasst werden, bis zu einer maximalen Grün-/Verlängerungszeit.

In einer voll verkehrsabhängigen Steuerung finden die oben beschriebenen Verfahren zur Grünzeitverlängerung ebenfalls Anwendung. Darüber hinaus wechseln die Phasenabläufe in der Regel permanent. Betrachten wir exemplarisch ein 4-Phasensystem, dann sind drei grundsätzliche Abläufe möglich:

- Die Steuerung läuft um, d. h. alle Phasen werden abgearbeitet. Die Folge-phase wird nach bestimmten Kriterien ausgewählt (Abb. 6.3). Solche Krite-rien können zum Beispiel höher priorisierte Anforderungen sein, wie durch ÖPNV-Fahrzeuge oder durch Koordinierungen verursacht. Wenn diese nicht vorliegen, kann die Phase mit der längsten Wartezeit als nächste ausgewählt werden. Selbstverständlich können solche Steuerungen so gestaltet werden, dass zwar ein grundsätzlicher Umlauf besteht, aber dabei nur die Phasen berücksichtigt werden, in denen eine Anforderung von Verkehrsteilnehmern, die diese Phase nutzen wollen, vorliegt.
- Die Grundstellung der Steuerung ist Hauptrichtung Grün (Abb. 6.4). Das heißt, wenn keine zur Hauptrichtung unverträglichen Anforderungen vorliegen, bleibt die Steuerung in der Hauptrichtungsphase stehen. Diese wird erst dann verlas-sen, wenn eine unverträgliche Anforderung vorliegt und in der Hauptrichtung keine Grünzeitverlängerungen wirken. Solche Steuerungen entfalten ihre Wir-kung insbesondere bei relativ geringem Verkehrsaufkommen. Eine klassische Anwendung sind sogenannte FLSA (Fußgänger-Lichtsignalanlagen). Abb. 6.5 zeigt beispielhaft einen Lageplan für eine FLSA. Darin sind die Signalgeber (Rot-Gelb-Grün) für den Kfz-Verkehr mit K1/1, K1/2, K1/3, K2/1, K2/2 sowie K2/3 und für die Fußgänger mit F1/1 und F1/2 (Rot-Grün) bezeichnet. Die Messwerterfassung der Kfz erfolgt über Infrarotdetektoren IDP1 und IDP2; die Fußgänger werden durch die Handtaster FT1 und FT2 erfasst. Die Quit-tierung, dass die Anforderung erfolgreich war, erfolgt über QS1/1 und QS1/2. Üblicherweise zeigt eine solche FLSA im Grundzustand Grün für den Kfz-Verkehr. Fordern Fußgänger ihre Freigabezeit über FT1 oder FT2 an, wird ent-weder sofort in die Freigabephase der Fußgänger (natürlich unter Beachtung der Zwischenzeiten (Kap. 3)) gewechselt oder das Grün für die Kfz bleibt noch

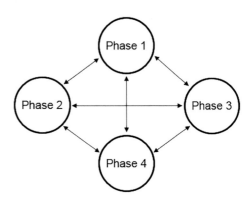

Abb. 6.3 Grundprinzip einer umlaufenden voll verkehrsabhängigen Steuerung

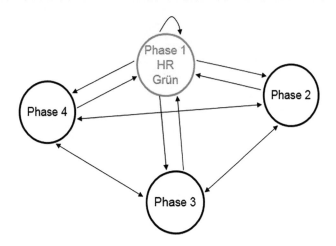

Abb. 6.4 Grundprinzip einer verkehrsabhängigen Steuerung mit dem Grundzustand Hauptrichtung Grün

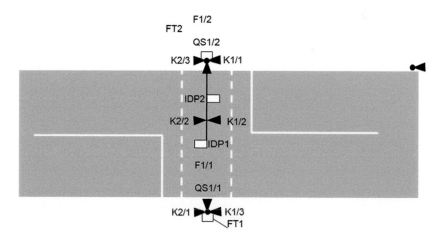

Abb. 6.5 Prinzipskizze für eine FLSA

eine (kurze) Zeit erhalten, weil noch Kfz-Verkehr vorhanden ist, der nach dem Zeitlückenkriterium über IDP1, IDP2 bemessen wird. Ist die FLSA Bestandteil einer Koordinierung (Grünen Welle) kann die Wartezeit für die Fußgänger sich zugunsten der Grünen Welle noch verlängern.

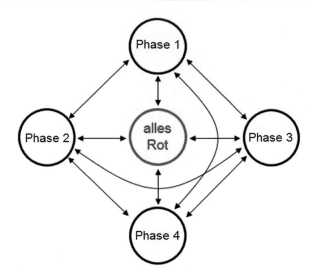

Abb. 6.6 Grundprinzip einer verkehrsabhängigen Steuerung mit dem Grundzustand alles Rot Alles Rot

Der Vorteil der Hauptrichtung Grün Steuerung besteht in der Bevorrechtigung der Hauptrichtung, denn eine Umschaltung erfolgt nur, wenn Bedarf in den Nicht-Hauptrichtungsphasen besteht. Allerdings bieten solche Anlagen einen Anreiz zu höheren Geschwindigkeiten auf der Hauptrichtung. Das lange sichtbare Grün kann zum Schnellerfahren verleiten.

* Die Grundstellung der Steuerung ist Alles Rot (Abb. 6.6). Liegt keine Anforderung vor, erhalten alle Phasen und damit alle Verkehrsströme das Rotsignal. Der Vorteil besteht darin, dass nach Ablauf der Zwischenzeiten ein sich anfordernder Verkehrsstrom sofort seine Freigabe erhält, damit keine Brems- oder Anhaltevorgänge erforderlich sind. Dieser Vorteil wirkt aber nur in verkehrsschwachen Zeiten, wenn das Alles Rot real zum Tragen kommt.

Zusammenfassend lässt sich einschätzen:

▶ „Voll verkehrsabhängige LSA bieten völlig unterschiedliche Steuerungsabläufe. Wichtig für uns Verkehrsteilnehmer ist, dass wir um unsere Freigabezeit zu erhalten, messtechnisch erfasst werden. Dazu muss bis dicht an die Haltelinie herangefahren werden, da die Erfassungstechnik häufig dicht vor der Haltelinie eingebaut ist. Ergänzend kann festgestellt werden, dass in Städten aufgrund der Grünen Wellen voll verkehrsabhängige LSA deutlich in der Minderheit sind (außer FLSA)."

Abschließend betrachten wir in diesem Kapitel noch einige besondere LSA:

Das sind zum einen sogenannte schlafende LSA. Ihr Grundzustand ist Dunkel für alle Signalgruppen. Erst bei Bedarf werden die Signalgeber zugeschaltet. Solche Anlagen sind beispielsweise Feuerwehrausfahrten und Haltestellensicherungsanlagen für Straßenbahnhaltestellen (Abb. 6.7 und 6.8). Ein Grünsignal für die „normalen" Verkehrsteilnehmer gibt es nicht. Wenn eine Feuerwehrausfahrt erfolgt oder der Fahrgastwechsel in der Haltestelle gesichert werden soll, schalten die Signalgeber von Dunkel über Gelb auf Rot. Nach Ausfahrt der Feuerwehr oder der Bahn aus der Haltestelle, wird direkt wieder in das Signalbild Dunkel für alle Signalgruppen geschaltet.

Besondere LSA sind auch sogenannte BÜStra Anlagen. Diese verbinden eine Straßenverkehrs-LSA mit einem gesicherten Bahnübergang der Eisenbahn. Ein Foto einer BÜStra Anlage ist in Abb. 6.9 zu sehen. Sie werden immer dort eingesetzt, wo eine Straßenkreuzung dicht an einem Bahnübergang lokalisiert ist und die Gefahr des Rückstaus auf den Bahnübergang besteht. Die genauen Abläufe an einer BÜStra zubeschreiben, würde den Rahmen dieses Büchleins sprengen. Daher wird hier nur der Grundablauf dargestellt.

Abb. 6.7 Fotos einer Haltestellensicherung für Straßenbahnen im Grundzustand. (Foto: Maria Wauer)

Abb. 6.8 Fotos einer Haltestellensicherung für Straßenbahnen (links Einschalten über Gelb, rechts aktiv). (Foto: Maria Wauer)

Abb. 6.9   Foto einer BÜStra-LSA in Olbernhau. (Foto: Andreas Gesche)

Nach Anmeldung einer Bahnfahrt muss zunächst die Straßenverkehrsanlage so gesteuert werden, dass der Bahnübergang zweifelsfrei geräumt wird. Danach geht die Straßenverkehrsanlage in den Grundzustand, in der Regel alles Rot. Erst wenn die Straße gesichert ist, erfolgt die bahnseitige Sicherung des Bahnüberganges. Wenn diese erfolgt ist, fällt die Straßen-LSA in die Teilbeeinflussung, in der all die Verkehrsströme Grün erhalten können, die nicht den Bahnübergang berühren. Nach erfolgter Zugfahrt, geht die Straßen-LSA wieder in den normalen Ablauf.

▶   „Besondere LSA verlangen vom Verkehrsteilnehmer besondere Aufmerksamkeit. Zu beachten sind das Zuschalten von dunklen LSA über Gelb auf Rot ebenso wie mögliche lange Wartezeiten an BÜStra Anlagen."

Kooperative Lichtsignalanlagen 7

Wie der Name schon sagt, kooperieren diese Lichtsignalanlagen mit den Verkehrsteilnehmern. Was heißt das im Einzelnen?

Als erstes gibt es einen Datenaustausch zwischen den Verkehrsteilnehmern und der LSA (Abb. 7.1). Dieser Datenaustausch kann indirekt über die verkehrstechnische Infrastruktur (in der Regel Kabelverbindung zwischen LSA und einem Verkehrsrechner) unter Einbeziehung eines Providers erfolgen.

Einige Anwendungen nutzen jetzt schon sogenannte Road Site Units (RSU), um einen möglichst bidirektionalen Datenaustausch zu ermöglichen. Dabei erhält der Verkehrsteilnehmer, üblicherweise der Pkw, Informationen von der LSA, beispielsweise wann die nächste Umschaltung von Rot auf Grün oder auch von Grün auf Rot zu erwarten ist. Dadurch kann das Fahrverhalten so eingestellt werden, dass ein Anhalten bei Rot weitestgehend vermieden wird.

Insbesondere für das automatisierte Fahren kommt diesen Möglichkeiten eine große Bedeutung zu. Die Güte solcher Schaltzeitprognosen hängt entscheidend von der Steuerung der Lichtsignalanlage ab. Bei einer Festzeitsteuerung sind diese Vorhersagen sehr einfach. Für die weit verbreiteten verkehrsabhängigen Steuerungen werden diese Vorhersagen immer schwieriger, je komplexer die LSA gesteuert wird. Für teilverkehrsabhängige Steuerungen gibt es bereits ausgefeilte Algorithmen, die eine wahrscheinlichkeitsbasierte Vorhersage bis zu 3 min im Voraus ermöglichen (Krumnow 2014; Weisheit 2016). Für voll verkehrsabhängige Steuerungen ist diese Vorhersage sehr schwierig. Dort sind weitere wissenschaftliche Arbeiten notwendig.

Wenn ein Anhalten vor der LSA durch ein entsprechendes Fahrregime vermieden werden soll, reicht nicht nur die Kenntnis, wann Grün wird. Wichtig ist auch die Beantwortung der Frage, ob das Fahrzeug unbehindert bis zur Haltelinie vorfahren und damit die LSA in etwa am Grünanfang passieren kann, oder ob

© Springer Fachmedien Wiesbaden GmbH 2017
J. Krimmling, *Ampelsteuerung,* essentials,
DOI 10.1007/978-3-658-17321-0_7

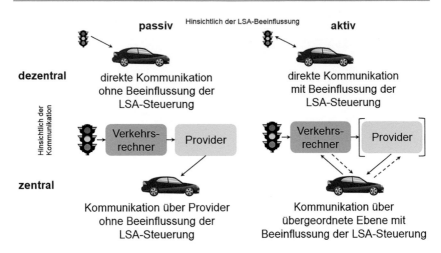

Abb. 7.1 Schematischer Überblick über kooperative LSA

rückgestaute Fahrzeuge die erste Zeit des Grüns für das Losfahren und Passieren der Kreuzung benötigen. In diesem Fall muss das Fahrregime auf das Ende des Rückstaus ausgerichtet werden.

Was bedeutet aber passive und aktive Beeinflussung? Passiv heißt, dass das Fahrzeug zwar mit der LSA korrespondiert, aber nicht den normalen Steuerungsablauf beeinflusst. Das heißt, eine Grünzeitverlängerung erfolgt nur dadurch, dass die LSA das Fahrzeug in der herkömmlichen Weise erfasst.

Eine aktive Verlängerung ist durch Anmeldung z. B. über die RSU möglich. Es ergeben sich aktiv weitere Möglichkeiten, wie im Nord-Süd-Verbindungsprojekt in Dresden (Gassel et al. 2014) gezeigt. Dort erhält die Straßenbahn an den LSA ihre Freigabe in Abhängigkeit der Verkehrslage des Kfz-Verkehrs, ihrer Fahrplanlage, möglicher Anschlüsse und möglicher Einfädelvorgänge in einen gemeinsamen Streckenabschnitt.

▶ „Kooperative Lichtsignalanlagen werden die Zukunftstechnologie sein, insbesondere zur Realisierung automatisierter Fahrfunktionen im Kfz-Verkehr und ÖPNV."

Zusammenfassung und besondere Beispiele

8

Lichtsignalanlagen sind eine sehr komplexe Angelegenheit.

Sie müssen sicher sein. Dafür gibt es klare Sicherheitsvorgaben.

Sie sollen die Leistungsfähigkeit und die Verkehrssicherheit erhöhen. Dazu sind die Gestaltung (z. B. Phasensystem) und die Geometrie des Knotenpunktes (z. B. Anzahl der Fahrstreifen) eine wichtige Voraussetzung.

Sie sollen „intelligent", das heißt verkehrsadaptiv gesteuert sein. Das ist vorrangig durch ausgewogene verkehrsabhängige Steuerungen möglich, die eine entsprechende Messwerterfassung benötigen.

Sie sollen miteinander kommunizieren. Grüne Wellen zur Sicherung eines Fahrens ohne Halt sind zumindest in einer Richtung problemlos möglich. Allerdings gibt es physikalische Grenzen, so dass dann in der Gegenrichtung eine durchgehende Grüne Welle nicht immer möglich ist.

(Zukünftig) kommunizieren sie mit dem Verkehrsteilnehmer direkt. Erste kooperative LSA sind bereits im Einsatz.

Natürlich hat jedes Land seine eigenen Vorschriften und Besonderheiten bei den Lichtsignalanlagen. Nachfolgend sind nur ein paar Beispiele genannt:

Fußgänger werden häufig nicht nur als reine Rot- und Grünsignale ausgeführt. In Teilen der Schweiz wird als Übergangssignal Gelb gezeigt. Auch die Stadt Düsseldorf wendet Gelb für Fußgänger als Übergangssignal an. Aus Österreich kommend hat sich in einigen weiteren Ländern das Grünblinken am Ende der Freigabezeit für die Fußgänger durchgesetzt. Ein Pilotvorhaben wurde dazu auch in Berlin durchgeführt (Abb. 8.1). In diesem Pilotversuch wurde außerdem die Fußgänger-Zwischenzeit in Form eines „grafischen Countdown-Signals" dargestellt (Abb. 8.2) und ihre Wirksamkeit bewertet.

Insbesondere in osteuropäischen Ländern werden auch klassischen Countdown-Zähler bis Freigabe- und/oder Rotzeitende eingesetzt.

© Springer Fachmedien Wiesbaden GmbH 2017
J. Krimmling, *Ampelsteuerung, essentials*,
DOI 10.1007/978-3-658-17321-0_8

Grün blinkt
→ Achtung, Signal wechselt
gleich auf Rot

Flashing Green Light
→ Complete your crossing,
signal will change to STOP soon

Abb. 8.1 Information zum Fußgänger-Grünblinken. (Quelle: Senatsverwaltung für Stadtentwicklung und Umwelt Berlin und Tilmann Wauer)

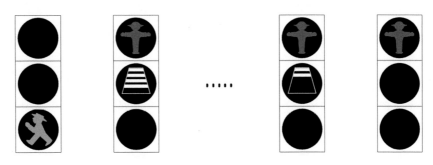

Abb. 8.2 Countdown-Signal für die Fußgängerzwischenzeit. (Quelle: Senatsverwaltung für Stadtentwicklung und Umwelt Berlin und Tilmann Wauer)

Generell unterschiedlich ist im Ausland die Zwischenzeitberechnung geregelt. Das beginnt bei anderen Berechnungsvorschriften und endet bei einheitlichen Zwischenzeiten für alle nicht verträglichen Verkehrsströme (z. B. in der Ukraine).

Abschließend seien hier noch ein paar besondere Lichtsignalanlagen vorgestellt:

Die kleinste „LSA" habe ich in Chur in der Schweiz entdeckt (Abb. 8.3). Sie besteht aus einer Signalkammer pro Richtung. Das Signalbild ist gleichzeitiges Gelbblinken in alle Richtungen.

Die spezielle LSA in Abb. 8.4 befindet sich in Manhattan in New York. Auch hier ist für jede Zufahrt genau ein Signalgeber installiert. Gegenüberliegende Signalgeber zeigen immer das gleiche Bild. Die Kreuzung wird als Zwei-Phasensystem gesteuert. Nach der Querrichtung folgt die Längsrichtung dann die Querrichtung... Alle Verkehrsteilnehmer (auch die Fußgänger!!) müssen sich an diesem Signalgeber in Kreuzungsmitte orientieren.

Die Ampel in Abb. 8.5 sollte eine Engstelle signalisieren. Auf Grund der maximalen Wartezeiten von 20 min hat man sich wohl doch für die manuelle Variante entschieden (Südafrika).

Abb. 8.3 Kleine LSA

Abb. 8.4   LSA in Manhattan

Man beachte beim Überqueren der 22. Straße (Abb. 8.6) das Schild, welches darauf hinweist, dass an der nächsten Kreuzung mit der 23. Straße wieder eine LSA ist, die sonst nicht zu sehen wäre?...

Eine besondere Lösung befindet sich in Baku (Abb. 8.7). Das Signalbild wird nicht nur durch die Signalgeber vermittelt, sondern in den Mast integriert wiederholt.

Unvernünftige „Verkehrsteilnehmer" (Abb. 8.8), die bei Rot über die Kreuzung gehen, finden sich in Key West (USA).

Eine besondere, innovative Lösung für die Verbindung von LSA-Steuerung mit verkehrsorganisatorischen Möglichkeiten findet sich in Bogota/Kolumbien. Abb. 8.9 zeigt die LSA, die normalerweise als 3-Phasensystem zu steuern ist (Phase 1) Geradeausfahrer/Rechtsabbieger von der Hauptrichtung – Phase 2) Linksabbieger von der Hauptrichtung – Phase 3) Linksabbieger der Nebenrichtung). Durch die zugegebenermaßen ungewöhnliche Einteilung der Zu- und Abfahrtsfahrstreifen (Linksabbieger im eigentlichen Abfluss sowie Rechtsabbieger und Abfluss im eigentlichen Zufluss) lässt sich die LSA als Zweiphasensystem (Phase 1) Hauptrichtung einschließlich Rechtsabbieger von Haupt- und Nebenrichtung – Phase 2) Linksabbieger von Haupt- und Nebenrichtung) steuern.

Abb. 8.5 Engstelle in Südafrika

Wie wird diese ungewöhnliche Richtungszuordnung wieder aufgelöst, das heißt in den Normalzustand versetzt? Die Lösung ist so einfach wie praktikabel. Im Zufluss zur LSA wird ein Kreisverkehr eingerichtet (Abb. 8.10), der sowohl die ungewöhnliche Fahrstreifeneinteilung in der LSA-Zufahrt ermöglicht als auch den Normalzustand von der LSA weg wieder herstellt.

Abb. 8.6 LSA in Miami Beach

Abb. 8.7 Signalmast in
Baku. (Foto: Bernd Kaiser)

Abb. 8.8 „Verkehrsteilnehmer"
in Key West

Abb. 8.9   Besondere LSA-Lösung in Bogota

Abb. 8.10   Ein- und Ausfahrt von/zur LSA über einen Kreisverkehr

Abb. 8.11   Rotsignal in
Akureyri

Wenn Sie liebe Leser trotz der in diesem *essential* erworbenen Kenntnisse doch mal an einer roten Ampel anhalten müssen, erfreuen Sie sich an dieser liebevollen Gestaltung des Rotsignals (Abb. 8.11, Akureyri, Island).

Was Sie aus diesem *essential* mitnehmen können

- Sie können Verständnis dafür entwickeln, dass eine Lichtsignalanlage immer aus der „Vogelperspektive" betrachtet werden muss, das heißt insgesamt für alle Zufahrten und Verkehrsteilnehmer.
- Sie können ihr Fahrverhalten besser an die Lichtsignalanlagen anpassen.
- Sie werden „Ampeln" zukünftig mit etwas anderen Augen sehen.
- Bestimmt finden Sie aus diesem neuen Blickwinkel interessante Beispiele, die Sie gern dem Auto dieses *essentials* mitteilen können.

© Springer Fachmedien Wiesbaden GmbH 2017
J. Krimmling, *Ampelsteuerung,* essentials,
DOI 10.1007/978-3-658-17321-0

Literatur

Forschungsgesellschaft für Straßen- und Verkehrswesen (FGSV): Handbuch für die Bemessung von Straßenverkehrsanlagen HBS2015

Forschungsgesellschaft für Straßen- und Verkehrswesen (FGSV): Richtlinien für Lichtsignalanlagen – Lichtzeichenanlagen für den Straßenverkehr – Ausgabe 2015

Gassel, Christian; Schönherr, Björn; Matschek, Tobias; Krimmling, Jürgen: Steigerung der ÖPNV-Qualität durch kooperative Ampelanlagen, Der Nahverkehr Heft 5/2014, S. 20–28, Alba Fachverlag

Krumnow, Mario; Pape, Sebastian; Kretschmer, Andreas; Krimmling, Jürgen: Schaltzeitprognose verkehrsabhängiger Lichtsignalanlagen im Rahmen des Forschungsprojektes EFA 2014/2, IIEUREKA 2014, Stuttgart

Schnabel, Werner; Lohse, Dieter: Grundlagen der Straßenverkehrstechnik und der Verkehrsplanung Band 2, Verlag für Bauwesen Berlin, 1997

Weisheit, Toni: Ein Verfahren zur Prognose verkehrsabhängiger Schaltzeiten von Lichtsignalanlagen, Dissertationsschrift, Universität Kassel, 2016

© Springer Fachmedien Wiesbaden GmbH 2017
J. Krimmling, *Ampelsteuerung,* essentials,
DOI 10.1007/978-3-658-17321-0

Printed in the United States
By Bookmasters